U0397674

素食，是一种生活态度

阿拉兔幸福素食堂

韩李李　著

世界图书出版公司
上海 · 西安 · 北京 · 广州

推荐序

阿拉兔，一只住在上海的兔子，
一直致力于动物保护、环保、素食！
一直就是我心目中的素食天使！

我是素食者，
和李李也是因为素食相识。
认识她的时候就感觉很惊叹：
她居然自己走遍上海画下漫画版的素食地图！

这次她把自己宝贵的素食经验拿出来跟大家分享，
用她的爱心及灵巧的双手绘制了一个美味简净的素食天地。
这本素菜谱，就像闹市中的清泉，沁人心脾。
菜谱里用的材料都是新鲜蔬菜水果，
没有添加剂，不用油，让你耳目一新！
对于追求健康环保的你，
这本菜谱值得拥有！
在这里我诚意推荐给大家。

吕颂贤
演艺工作者、素食者
尊重生命、爱护地球的绿色新人类

关于下厨

我认识很多擅长做菜的高手，

热爱做菜或者烘焙，

而且会在一道菜或者一个小甜点上花很多时间和心血，

照片和成果也确实很诱人。

但是，我还是一个懒人，

花很多时间做菜，

几分钟几口吃完，

对于这样的事情我一般不太热衷。

我喜欢做菜，

但是我喜欢简单又好做的，

不必用复杂高端的工具设备，

用吃一餐饭的时间去做菜，

对我来说似乎更有效率。

做家常菜可以很容易，

但是要完全不含动物制品，

少油甚至不用油，不用盐，

不用白糖，不用花哨复杂的人工调味剂，

而是用天然的蔬菜水果来调味……

没有复杂的技术，

有的只是一颗充满爱和感恩的心。

做充满能量的食物给自己和爱的人，

感恩食物给我们带来的能量和爱。

关于盐

你的血压即使很正常，

减少食盐摄取也是有益无害的，

摄入过多的盐分不但会导致血压升高，

而且会引起骨质疏松。

每日摄入盐分超过3克，

就会影响钙质吸收，

久而久之，骨骼会变得松脆易折。

目前，大多数人每天的食盐摄入量都超过了

健康摄取量的15%～40%，

所以限制食盐的摄入量十分必要。

阿拉兔的建议是，

可以用天然的食材获取天然盐分，

如果一定需要，也可以试试换成天然盐，

比如湖盐，或者其他天然优质的盐，

当然能少一点最好……

你慢慢会发现，

有些菜天然带点甜或咸，

其实自然的味道

大自然早已经安排好了。

关于油

我们真的需要那么多油吗？

人工榨取的油
和其他加工品一样，
兔兔建议大家试试从天然食物中获取油分，
牛油果、各种坚果和种子等都是含天然油脂的，
也是很好的来源。

关于主食

兔兔推荐的主食没有米饭面食等加工谷类，
大自然给我们的礼物是蔬菜水果，
当种子成熟时，水果就会变得很香很甜，
吸引人和动物去吃。
试试看把主食换成蔬菜水果或者种子吧，
也可以做出很多美味食物，
实在吃不饱可以加点土豆或者番薯。

慢慢你会发现，
不需要每道菜都做得那么重口味了，
尊重食物的原味也是一种美好。

关于食材

在我看来，

能够把平淡或者并不好吃的食材烹饪成绝世美味，

确实是一种高超的技能。

但是，如果这种食材本身不好吃，

是不是它就不想我们吃它呢？

大自然安排这种食材，

是想让其他动物吃呢还是有其他的意义呢？

给自己一次不同的尝试，选择自然又美味的食材，

简单地加工，

和食材自然共处，

不强行改变它原有的自然风味，

享受和感恩大自然给我们的礼物。

关于为什么要支持有机
或者好的农耕方式

虽然有机食材成本似乎高了很多，

但是除了减少农药及有毒化学品的困扰之外，

好的农耕方式也是对土地和自然生态的贡献。

我们花出去的每一分钱，都是投票，

都是在为你想要的未来投票。

所以，

请投票在你想看到的世界上。

阿拉兔的厨房里

环保袋

出门买水果蔬菜，

可以少用一个塑料袋。

微笑和感恩的心

这是最重要的，

其他工具都是辅助，

爱是一切美好的源头。

我也喜欢用竹质的无漆餐具，

环保又自然。

玻璃碗

竹筷

也可以随身

携带使用。

竹子的切菜板

竹子生长迅速，

比木制品环保哟。

玻璃杯和竹吸管

出门带蔬果露或者带水，

减少消费饮料就是减少使用一次性制品。

有机棉手帕

减少使用纸巾，

多爱地球一点点。

好用的搅拌器

好喝的坚果奶和每天的蔬果露

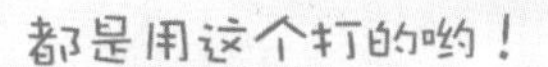

都是用这个打的哟！

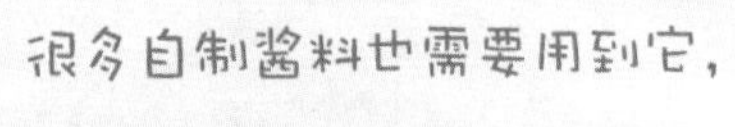

很多自制酱料也需要用到它，

健康饮食必备利器。

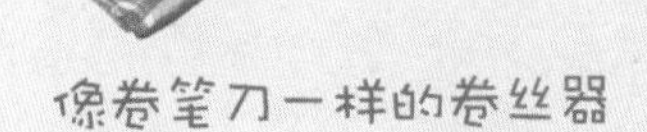

像卷笔刀一样的卷丝器

和刨丝刀

都是很好用的小工具，

出门携带也方便。

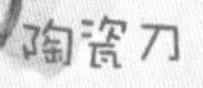

陶瓷刀

蔬菜水果在接触到金属的时候，

会马上产生变化，

味道也会不一样。

陶瓷刀是尽量让食物

处于原本状态的选择之一，

当然我也经常喜欢直接用手掰开。

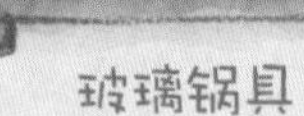

玻璃锅具

不残留化学物质，

是健康的好选择。

目录

阿拉幸福拌

幸福小甜品

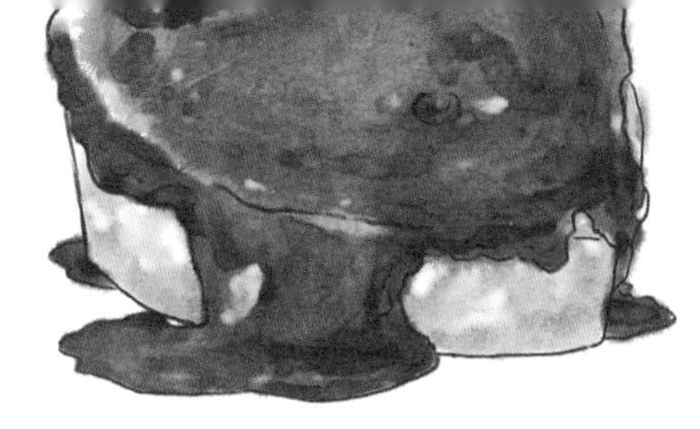
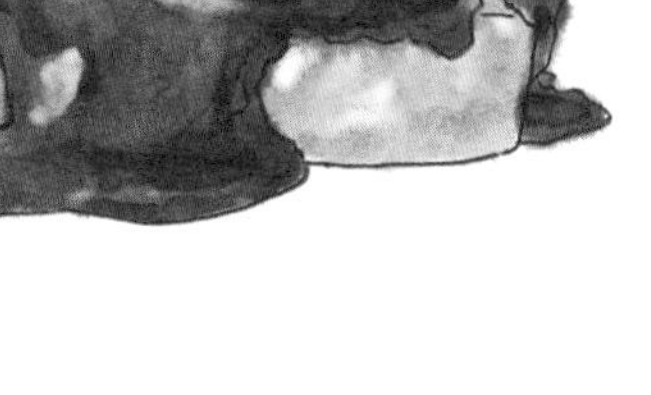

幸福私房餐

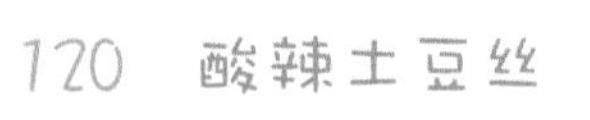

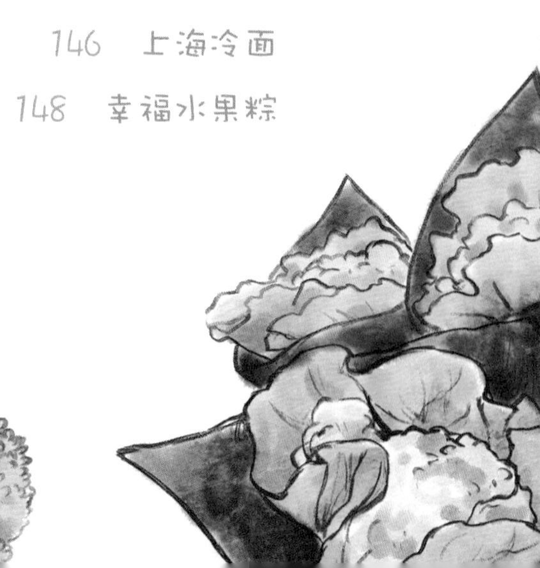

我们花出去的每一分钱都是投票，

都是在为你想看到的未来投票。

我们想看到的世界

是和平、快乐、美好、健康的，

相信你也一样。

阿拉幸福拌

五彩大拌菜

食材

有机生菜 ● 紫甘蓝 ● 彩椒 ● 西红柿 ● 柠檬 ● 牛油果

1. 紫甘蓝、红黄彩椒切丝，

生菜撕成小块，西红柿切小块。

2. 小半个柠檬挤出汁水，

用手轻柔按捏蔬菜，

拌入一个牛油果，

继续揉捏，

拌匀入味，

感恩大自然，开吃吧……

兔兔说：先用少许柠檬汁让菜更清爽入味。

牛油果含天然油脂和淡淡的咸味，用心品味蔬果带来的自然美味吧！

手撕茄条

食材

茄子●柠檬●湖盐●枸杞●芝麻●香菜

茄子含丰富的维生素P，

这种物质有利于增强人体细胞间的黏着力，

增强毛细血管的弹性，防止微血管破裂，

有利于心血管保持正常的功能。

茄子含有龙葵碱，有利于抑制消化系统肿瘤的增殖。

茄子还含有维生素E，有助于防止出血和抗衰老，

具美容功效。

1. 长茄子两根，

隔水蒸熟。

（筷子能轻松穿过茄子即可）

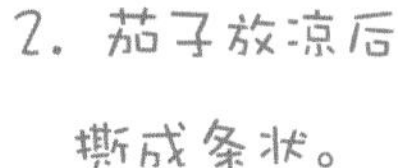

2. 茄子放凉后

撕成条状。

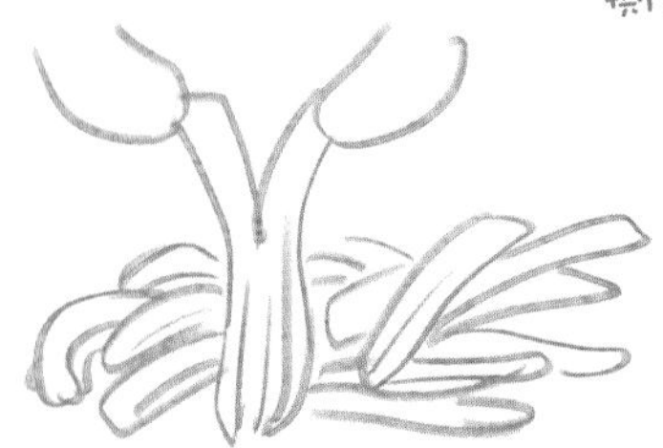

3. 加入柠檬汁，

撒少许湖盐拌匀，

再加少许枸杞、芝麻或香菜。

开吃啦……

生拌西葫芦

食材

西葫芦●胡萝卜●彩椒●柠檬汁●小番茄●有机芝麻酱

1. 西葫芦、胡萝卜和彩椒

分别切丝。

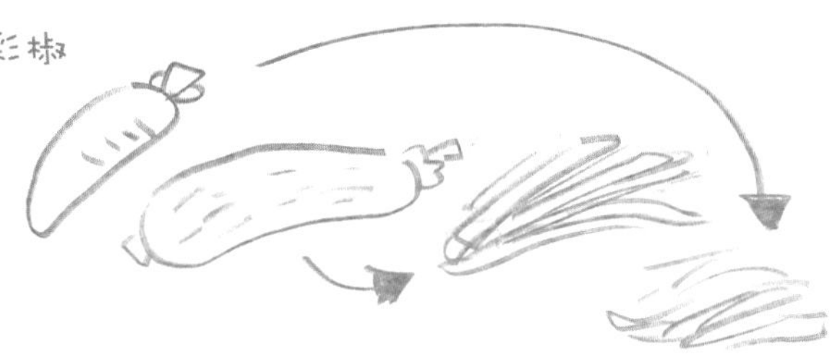

2. 用柠檬汁腌渍片刻。

3. 可以淋上少许有机芝麻酱拌匀。

彩椒或小番茄切丁装饰，

就可以拍照晒图开吃啦……

枸杞拌蚕豆

食材

蚕豆●枸杞●椰糖●柠檬

1.锅中放清水，
蚕豆和枸杞一起煮熟。

2. 用少许柠檬汁加椰糖
调成酱汁。

3. 淋上酱汁，开吃啦……

苹果拌黄瓜

食材

黄瓜●苹果

1. 黄瓜切丝。

2. 苹果切丝。

3. 放在盘中搅拌，开吃啦……

香椿拌豆腐

食材

香椿 ● 有机非转基因豆腐 ● 湖盐

1. 有机非转基因豆腐或黑豆豆腐切小块，用开水烫一下。

2. 香椿切小碎末。

3. 香椿末拌入豆腐中，撒上少许湖盐，拌匀。

感恩大自然，开吃吧……

兔兔说：香椿有独特的天然香味，用来拌菜清香可口。用少许湖盐提味，尽量少放调味料，感受自然的馈赠。

食材

西瓜皮 ●香菜● 柠檬●无盐酱油 ●芝麻

1. 先吃完西瓜。

2. 吃剩下的西瓜皮
切成细条。

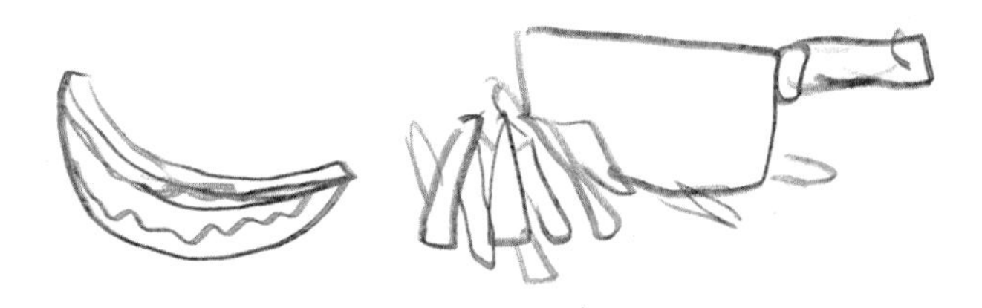

3. 半个柠檬挤汁，腌渍片刻，
淋上少许无盐酱油，
撒一些香菜末和芝麻，
拌匀。

感恩大自然，开吃吧……

兔兔说：夏天几乎每天都会吃西瓜，瓜皮也可以吃哟。
无盐酱油是没有添加食盐的天然发酵酱油，带有天然咸味。

食材

海茸 ● 香菜 ● 柠檬 ● 无盐酱油

1. 干海茸用凉水浸泡两小时以上，泡软。

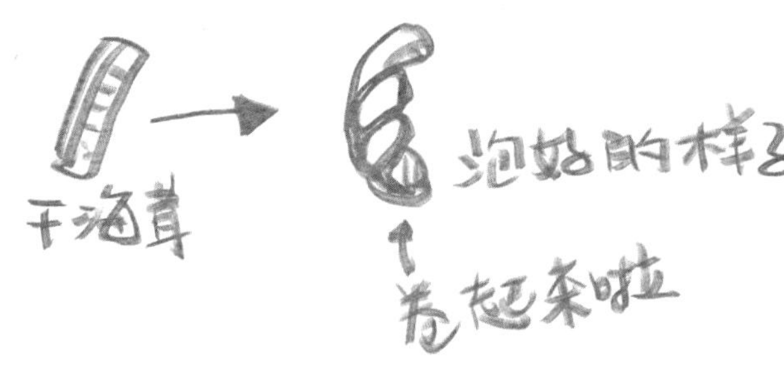

2. 捞出海茸，
沥干水分，
加入柠檬汁腌渍一会儿，
淋上少许无盐酱油，
（也可以放少许芥末）
撒上香菜末，
拌匀。
感恩大自然，开吃吧……

兔兔说：海茸是来自深海的藻类，营养丰富有嚼劲，
也带有大海的天然咸味。调料加少许即可，柠檬汁是帮助解腥的哟。

榴香沙拉

食材

有机生菜 ●菠萝 ●苹果 ●草莓 ● 榴莲肉 ● 罗勒叶

1. 有机生菜

一片一片扒开叶子待用。

苹果切小小丁。

草莓切小小丁。

2. 菠萝切小块。

3. 榴莲肉去核，

加几片罗勒叶，

用搅拌机打成沙拉酱。

4. 在生菜上放上各种小丁，

淋上这份特别的酱汁。

把放好沙拉的生菜排列漂亮。

感恩大自然，开吃吧……

清爽拌芦笋

食材

芦笋●有机芝麻酱

1. 芦笋切掉末端。

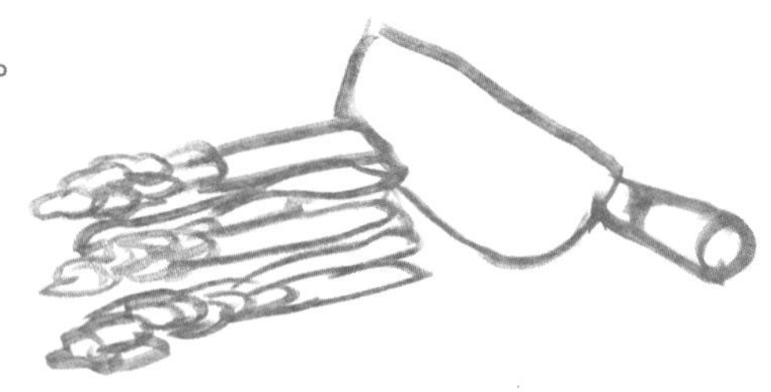

2. 锅中煮水烧开，
把芦笋放入烫两分钟捞出，
立刻放入凉水中。

3. 将芦笋捞出，
切成小段，装盘。

4. 有机芝麻酱拌匀，
淋在芦笋上，撒上白芝麻。
可以拍照晒图开吃啦……

麻酱油麦菜

食材

有机油麦菜●有机芝麻酱●白芝麻

1. 油麦菜切三段，

也可以用手直接掰开。

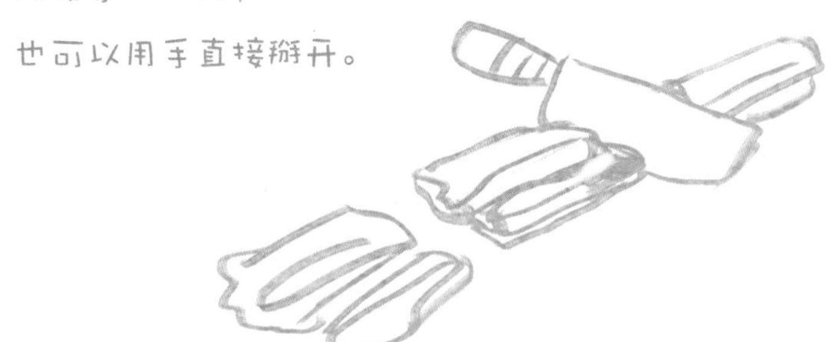

2. 芝麻酱中加入两三勺清水，

用筷子沿着一个方向搅拌均匀。

（天然的芝麻香加上有机油麦菜已经很美味，

如果可以，尽量不要加其他调味）

把调好的酱汁淋在油麦菜上，

撒上一小撮白芝麻。

好啦，开吃吧……

糖醋小萝卜

食材

樱桃萝卜● 苹果醋● 椰糖

1. 樱桃小萝卜
用筷子夹住固定，
十字对切成花形。

2. 一大勺苹果醋
加一勺椰糖，
拌匀。

3. 淋在萝卜上，
腌渍半小时入味。

感恩大自然，开吃吧……

兔兔说：不要用白糖和其他过多的调味品，
你也可以试试用柠檬汁加两颗去核椰枣打酱哟。

天使沙拉

食材

有机菠菜●有机生菜●牛油果●芒果

1. 菠菜叶和生菜叶洗净，
掰成小片。

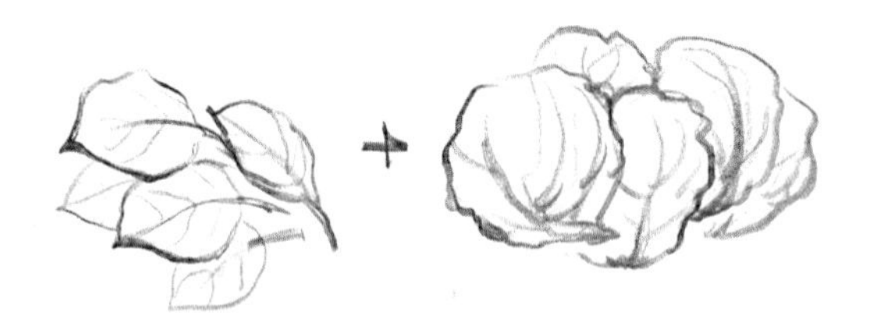

2. 牛油果一个，芒果一个，
去皮去核搅碎成泥。（最好用手捏碎）

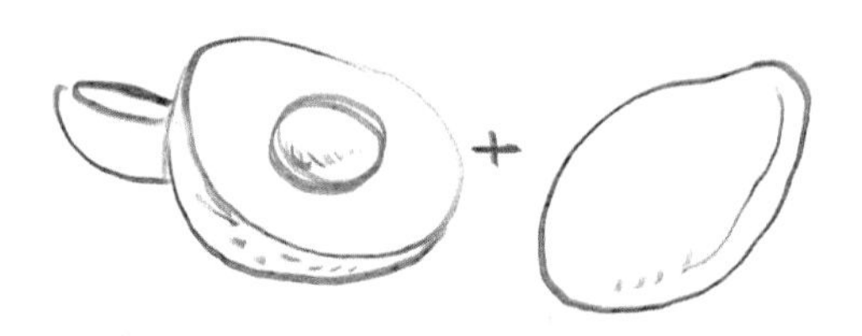

3. 把牛油果芒果泥
拌入菜叶里，
用手揉匀。

就可以拍照晒图
开吃啦……

木耳拌芹菜

食材

有机西芹 ● 木耳 ● 柠檬 ● 牛油果 ● 芝麻 ● 有机小番茄 ● 甜洋葱 ● 罗勒叶

1. 有机西芹切小段。

2. 木耳泡发洗净摘成小朵。

3. 柠檬汁少许、牛油果一个、
芝麻一勺、甜洋葱小半个、
小番茄十个、罗勒叶几枚，
用搅拌机打成酱。

4. 将酱汁加入木耳芹菜，拌匀装盘。

感恩大自然，开吃吧……

芹菜归肺、胃、肝经，
具有平肝清热、祛风利湿的功效，
有助于改善高血压、眩晕头痛、
面红目赤、血淋、痈肿等病症。
西芹含有大量的钙质，
也富含钾，可减少身体的水分积聚。
大多数地区主要食用叶柄，
实际上，
叶片中所含的营养物质比叶柄要高得多哟！

酸爽拌黄瓜

食材

有机黄瓜 ● 有机百香果

1. 黄瓜洗净切小薄片。

2. 百香果三个，拌入黄瓜。

感恩大自然，开吃吧……

兔兔说：有机的百香果味道特别香浓，不管是酸是甜，搭配黄瓜都是很爽口的一道菜呢，又简单又美味。

手撕杏鲍菇

食材

杏鲍菇●无盐酱油●有机芝麻酱●白芝麻

1. 杏鲍菇隔水蒸熟。

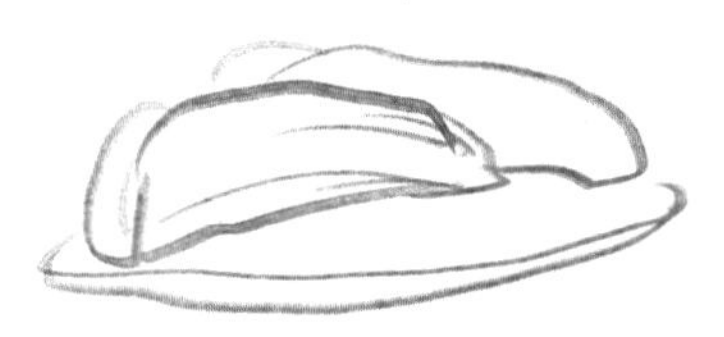

2. 手撕成条。

3. 无盐酱油加有机芝麻酱，

搅拌调成酱汁。

4. 酱汁加入杏鲍菇条拌匀，

撒上白芝麻。

开吃！耶！

凉拌金针菇

食材

金针菇●胡萝卜●黄瓜●无盐酱油

1. 金针菇切去根部，洗净。

2. 锅中加水，烧开后倒入金针菇，烫煮一分钟左右捞出。

3. 胡萝卜和黄瓜切丝，淋上少许无盐酱油，拌匀。

感恩大自然，开吃吧……

兔兔说：非常简单的调味，
试着慢慢减少调料的分量，品尝自然的味道……

春笋马兰头

食材

春笋●马兰头●湖盐

1. 笋去壳焯水切小碎丁。

2. 马兰头焯水切碎末。

3. 笋和马兰头加少许湖盐，

拌匀。

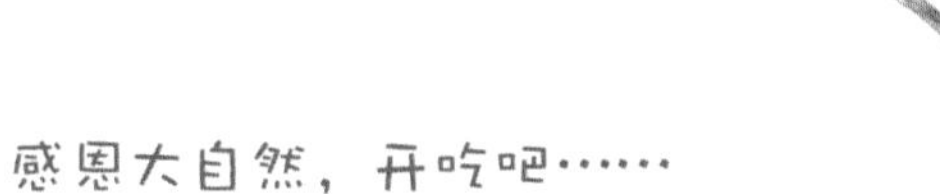

感恩大自然，开吃吧……

兔兔说：非常清爽的一道菜，吃后你会发现，

其实不用复杂的调味，也不用油，好吃的东西就是好吃……

菠菜拌双丝

食材

有机菠菜●白萝卜●胡萝卜●柠檬●芒果●香蕉●芝麻●辣椒

1. 菠菜一把取叶，撕成小片。

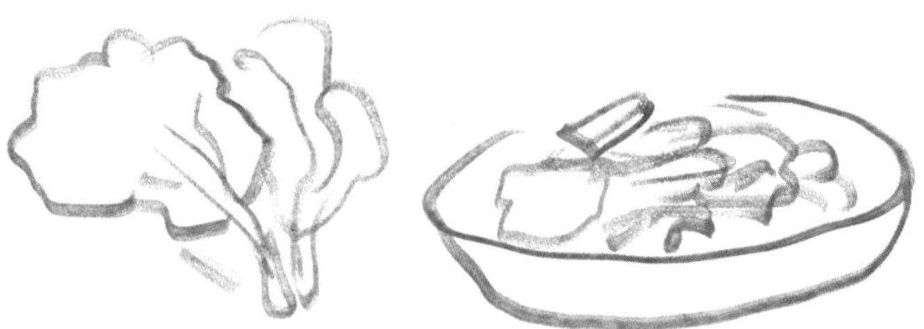

2. 淋上柠檬汁拌匀稍稍腌渍。

3. 白萝卜和胡萝卜刨细丝。

4. 芒果、香蕉和辣椒少许，用搅拌机打成酱汁，

拌匀食材腌渍片刻待入味。

撒上芝麻。

感恩大自然，开吃吧……

菠菜拌花生

食材

有机菠菜●生花生●苹果醋●无盐酱油

1. 生花生用苹果醋浸泡两小时。

2. 菠菜切小段用开水烫一下捞出。

3. 将花生和一勺苹果醋

一起拌入菠菜，

淋上少许无盐酱油。

感恩大自然，开吃吧……

兔兔说：兔兔喜欢生吃菠菜，好的有机菠菜味道甜中带咸，

可以的话，你也来试试不烫熟的版本吧……

当你改变饮食，改变你的心，

你会发现，动物、植物、我们这个小星球，

它们和我们的关系，

真的和你想的不一样。

你的心越美好，

你看到的世界也越美好……

幸福小甜品

椰蓉可可香蕉糕

食材

香蕉 ● 角豆粉 ● 椰丝

1. 香蕉去皮，

用勺子捣成泥。

2. 倒入角豆粉，拌匀。

3. 用糕点模具或者用勺子做成喜欢的造型，

撒上椰丝。

感恩大自然，开吃吧……

兔兔说：角豆是天然带有可可味的植物，可在网上购买，如果不方便取得食材，也可以用纯素可可粉代替。

香蕉芝麻糊

食材

香蕉●黑芝麻●坚果●葡萄干

1. 香蕉一根、黑芝麻三勺、
净水一杯，
用搅拌机打成糊。

2. 撒上一些坚果碎
和葡萄干。

可以拍照晒图开吃啦……

兔兔说：享受香蕉的清新微甜
和芝麻的香浓。
希望大家不要加糖，
细心品尝自然的味道。
如果实在想要更甜一些，
可以在搅拌时加椰枣一起打哟～

蓝莓芋泥

食材

芋头●蓝莓●草莓●椰枣

1. 芋头洗净蒸熟。

2. 待稍凉一些撕去表皮，
放入碗里用勺子压成泥。

3. 放入心形模具，
或者像兔兔一样用勺子塑成心形。

4. 蓝莓一把、草莓一把、去核椰枣两颗。
用搅拌机打成酱汁，浇在芋泥上。

感恩大自然，开吃吧……

兔兔说：不用人工合成的糖，而是用椰枣的天然糖分调味。
入口慢慢品尝，是不是更有滋味呢？

食材

有机菠菜●香蕉●椰青

1. 有机菠菜一把，取叶；

香蕉三四根，去皮；

（香蕉和菠菜叶体积1：1左右）

新鲜椰青一个，取水。

2. 菠菜叶、香蕉和椰青水

用搅拌机打到均匀细腻。

3. 用好看的杯子装好，

放上一片薄荷叶.

感恩大自然，

开吃吧……

兔兔说：要注意菠菜是只用绿叶部分，不用根茎哟。

如果没有新鲜椰青水，也可以用纯净水，也很好喝呢。

雪梨银耳羹

食材

雪梨●银耳●椰糖●枸杞

1. 银耳用冷水浸泡半小时左右，
洗净摘成小朵。

2. 雪梨洗净切小块。

3. 煮一锅水
水开后加入银耳，
煮十分钟。

4. 加入椰糖、雪梨和枸杞。

小火炖煮一小时即可。
然后拍照晒图开吃吧……

兔兔说：其实雪梨、枸杞都有天然的甜味，
虽然椰糖是比较健康的糖，也建议尽可能少用一些哟……

紫薯茶巾绞

食材

紫薯●红豆●椰糖

1. 紫薯蒸熟去皮，

用勺子捣成泥。

2. 红豆蒸熟，

加椰糖，揉匀成豆沙馅儿。

3. 取两勺紫薯泥压扁摊平，

包上豆沙馅儿，

用手帕或者纱布

揉压成小团子。

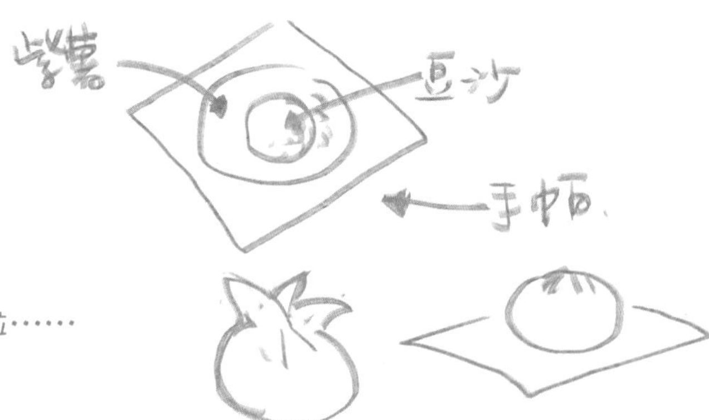

可以拍照晒图开吃啦……

兔兔说：茶巾，是指茶道中拂拭茶碗边缘的麻布，

紫薯茶巾绞是个很有名的日式小甜点哟。

有些朋友是用保鲜膜裹出来的，但是兔兔不用一次性塑料制品，

所以也建议大家和兔兔一样使用手帕哟。

紫薯银耳羹

食材

紫薯●银耳●椰糖

1. 银耳泡发。

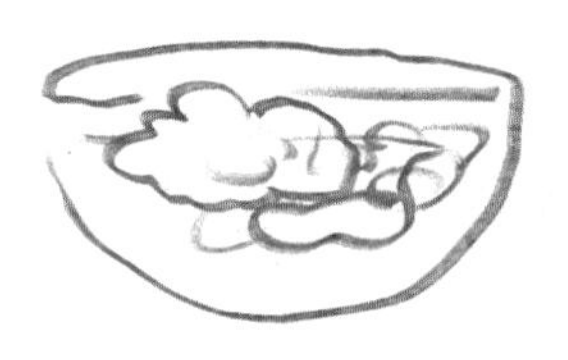

紫薯切小丁。

2. 锅中加水，

银耳放入锅中煮开。

3. 放入紫薯丁和椰糖，

继续炖煮。

等紫薯银耳羹变黏稠，

就可以拍照晒图开吃啦……

椰香南瓜汤

食材

南瓜 ● 新鲜椰子 ● 枸杞

1. 南瓜去皮切小块。

2. 椰子一个，

取椰青水和椰肉。

3. 将南瓜块放入搅拌机，

加椰青水和椰肉，

充分搅拌。

找个好看的碗盛出来，

放上几颗枸杞，顺便美化一下，

就可以拍照晒图开吃啦……

缤纷豆薯泥

食材

紫薯●青豆●山药●土豆●椰子油●椰糖

1. 紫薯、青豆、山药、土豆
分别洗净蒸熟。

2. 将酥软的食材用勺子
分别压成泥。

3. 拿一个小碗，涂一层椰子油，
盛入土豆泥压实。

再依次盛入青豆泥、山药泥、紫薯泥，
全部压实以后，倒扣在盘子里。

4. 用小火将椰糖煮化，淋在豆薯泥上。
放上枸杞装饰，
就可以拍照晒图开吃啦……

兔兔说：虽然是甜品，但是也请尽量少放椰糖汁，
试试仔细品味豆薯泥天然的甜味吧……

超級杏仁奶

食材

生杏仁●香蕉

1. 生杏仁一把，

凉水浸泡二十四小时以上。

2. 将泡好的生杏仁冲洗干净，

连水一起倒入料理机搅拌。

3. 将打好的坚果奶用布袋隔渣过滤。

过滤后的坚果奶里

加二至三根香蕉，

用料理机打成奶浆。

可以拍照晒图

开吃啦……

兔兔说：做坚果奶隔渣过滤这一步很重要，不然很难消化吸收。过滤后的奶浆口感细腻绵密，也少了很多脂肪呢。

酸甜柠檬水

食材

有机柠檬●椰糖

1. 密封罐洗净沥干。

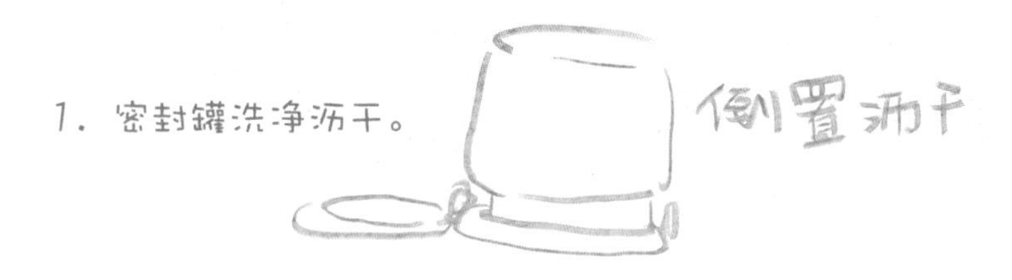

2. 有机柠檬切薄片。

3. 罐子底下铺一层柠檬片，
再铺一层椰糖粉，
一层柠檬片一层椰糖粉交错，
直到铺完。
最上层也铺一层椰糖粉。

4. 盖上盖子放在常温阴凉处，
随时取出泡水。
开喝啦……

柠檬是世界上最有药用价值的水果之一，
富含维生素C、糖类、钙、
磷、铁、维生素B1、B2、
高量钾元素和低量钠元素等，
对人体十分有益。它有助于预防感冒、
减轻疲劳、刺激造血和降低多种癌症风险等，
可以利尿并缓解风湿和肠道疾病，
可用于治疗坏血病，
而且是防止及消除皮肤色素沉淀的超级美容水果呢。

柠檬

山药红豆糕

食材

山药●红豆●椰糖●椰子油

1. 山药洗干净，

切小段蒸熟。

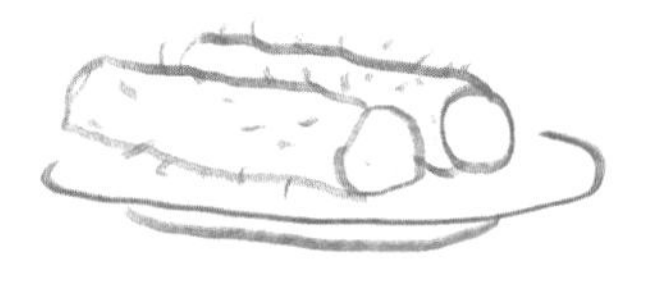

去皮，用勺子捣成泥。

2. 红豆提前泡软、煮熟。

3. 锅中倒入少量冷水，

加一勺椰糖，

熬至汤汁有黏性后关火。

立刻把红豆倒进去翻炒，

使红豆均匀裹上糖浆。

4. 将红豆加到山药泥中搅拌均匀，

找一个好看的模具或者小碗，

用椰子油擦拭，

压入山药红豆泥。

压紧后倒扣在碟子里，

就可以拍照晒图

开吃啦……

兔兔说：一般情况不建议食用除了天然食物之外的油，

实在要用也请选择健康的油，这次脱模用的椰子油也是好选择。

每一个美好，

都因为你的爱而来。

从今天起，

从一餐素食开始，

爱我们的每一个家人、每一个朋友，

爱我们的环境，爱我们的小星球……

幸福私房餐

花菜西红柿

食材

白花菜●西红柿

1. 每个西红柿切成四块，

多切几个。

2. 花菜切成小块。

3. 锅中加清水一碗，

放入花菜翻炒到感觉有点微酥，

放入西红柿继续翻炒。

4. 翻炒到西红柿几乎酥烂。

收汁几分钟后盛出，就可以拍照晒图开吃啦……

阿拉酸辣面

食材

西葫芦●生菜●小番茄●芒果●香蕉●百香果●罗勒叶●辣椒

1. 西葫芦用刨丝器卷成面条。

2. 生菜掰成小片。

3. 芒果、小番茄、香蕉、
罗勒叶、半条辣椒打成酱。

4. 把酱汁倒入面里拌匀，
剩下的半根辣椒掰成小小碎，
小番茄切小碎，
百香果挖出果肉，
一起加入面里，
就可以拍照晒图
开吃啦……

兔兔说：酱料配方只是参考，不用拘泥于每种用多用少。
凭感觉和食物沟通，做出来的菜就是最美味的。

南乳空心菜

食材

空心菜●腐乳

1. 空心菜洗净切小段焯水。

2. 捞出后马上放入凉水中。

3. 腐乳汁一勺，

也可加一小块腐乳。

用勺子按压腐乳块，拌匀做汁。

4. 将汁浇在空心菜上，拌匀。

可以拍照晒图开吃啦……

兔兔说：腐乳已经带有咸味了，不需要添加其他调味。

如果能买到其他豆类制作的豆制品，尽量少吃黄豆做的。

这次只是作为配料使用，建议购买有机非转基因的。

南乳烩土豆

食材

土豆●腐乳

1. 土豆去皮后切成滚刀块。

2. 用一碗水炒土豆块，

水开后稍稍炖煮土豆。

3. 加一块红腐乳和一勺腐乳汁。

4. 翻炒均匀炖煮几分钟

将土豆盛出，

撒一小撮白芝麻。

可以拍照晒图

开吃啦……

浓情土豆球

食材

土豆●葡萄干●玫瑰花●椰糖●椰蓉●芝麻核桃粉

1. 土豆蒸熟去皮压成泥。

2. 葡萄干和玫瑰花瓣泡水。

3. 葡萄干和玫瑰花瓣切碎，
混入土豆泥中，
加入一勺椰糖，揉匀。

4. 将揉好的土豆泥搓成小团团，
或者也可以像兔兔一样，做成心形。

在椰蓉和芝麻核桃粉里打个滚。

可以拍照晒图开吃啦……

秋葵烩豆腐

食材

黑豆豆腐（或其他非转基因豆腐）● 秋葵●湖盐

1. 秋葵洗净切小段。

2. 豆腐洗净切小块。

3. 锅中加水，

放入豆腐和秋葵。

4. 炖煮至水开调成小火，

撒一小勺芹菜粉或少许湖盐。

用椰浆加入藕粉勾芡，

倒入锅中拌匀。

可以拍照晒图

开吃啦……

茄汁儿烩豆腐

食材

黑豆豆腐（或其他非转基因豆腐）● 西红柿 ● 彩椒 ● 无盐酱油 ● 椰糖

1. 豆腐切小块，开水烫一下。

2. 西红柿和彩椒切小块。

3. 锅里放少许清水，

放入西红柿翻炒至酥软，

放入彩椒一起翻炒。

4. 放入豆腐继续翻炒，

加入少许无盐酱油和椰糖粉，

拌匀小煮片刻。

可以拍照晒图

开吃啦……

茄汁儿两面黄

食材

西红柿●茭白●香菇●土豆●椰子油

1. 西红柿、茭白、香菇
洗干净切小丁。

2. 土豆用擦丝器擦成丝，
在凉水里浸泡片刻。

3. 将土豆面条捞出滤水，
整理成圆饼形状。
锅底用椰子油擦拭，
将土豆面饼微微煎成两面金黄色盛出。

4. 锅中放水将小丁们下锅翻炒，
趁热浇在两面金黄的土豆面饼上。

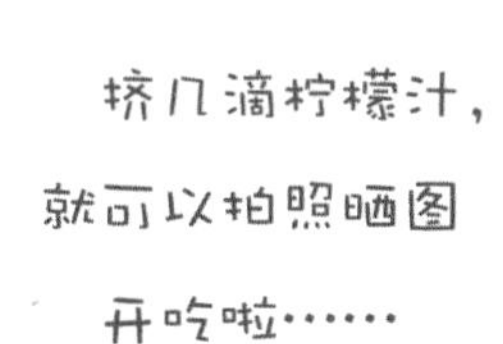

挤几滴柠檬汁，
就可以拍照晒图
开吃啦……

香蕉生菜手卷

食材

香蕉●生菜●葡萄干●紫菜

1. 生菜洗干净，
撕成小片。

2. 香蕉用勺子压成泥，
加入葡萄干拌匀。

3. 紫菜平铺，
放上生菜和香蕉泥，
斜角卷起成手卷。

多做几个
装盘。

可以拍照晒图开吃啦……

海裙菜豆腐汤

食材

黑豆豆腐（或其他非转基因豆腐）● 海裙菜 ● 枸杞

1. 海裙菜冷水泡发。

2. 豆腐切小块。

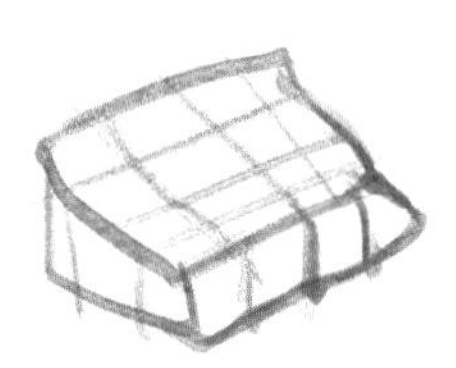

3. 锅中加水，

水开后放入豆腐和海裙菜，

继续炖煮。

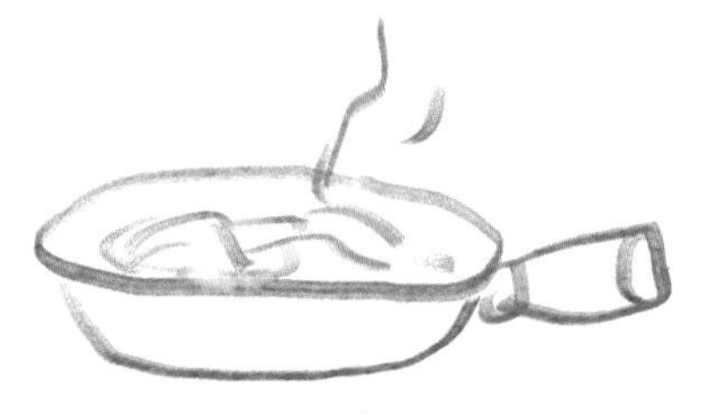

4. 炖煮至水开调成小火，

撒一小把枸杞。

可以拍照晒图

开吃啦……

兔兔说：海裙菜自然泡发会有天然的微微咸味，

希望大家不要再添加人工合成的调味品，

用心品味来自大海的味道吧……

素罗宋汤

食材

西红柿●胡萝卜●土豆●圆白菜●西芹

1. 西红柿（建议量多一点）
切成滚刀块。

2. 先用水翻炒西红柿
炒至酥软出汁。

3. 胡萝卜、土豆切滚刀块，
放入西红柿一起翻炒一下，
加水炖煮。

4. 圆白菜撕成小片，
西芹切成小小碎，放入一起煮。

食材酥软之后，
拿个好看的碗盛出来，
就可以拍照晒图
开吃啦……

兔兔说：用多一点的西红柿自制番茄沙司，其实也用不了很长时间，
比买来的加工成品还是要健康新鲜很多哟。
芹菜切碎之后也会流出淡淡带咸味的汁水，试一下天然的盐分吧。

黑耳白菜

食材

白菜●黑木耳●枸杞●湖盐

1. 黑木耳用水泡软洗净切小块。

2. 白菜手撕成小块。

3. 锅中放入少量清水，

放入白菜进去翻炒。

（水少放一些，

白菜翻炒过程中也会出水）

4. 等白菜炒软后加入黑木耳

一起翻炒，

出锅前加少许湖盐，

再撒上一小把枸杞，

就可以拍照晒图

开吃啦……

兔兔说：人工添加的调味越少越好，

如果可以，请不要加盐试试看。

无盐料理最美妙的就是把食物天然的味道保留下来哟。

暖暖咖喱袋

食材

土豆●胡萝卜●西兰花●小番茄●有机咖喱粉

1. 土豆、胡萝卜洗净去皮、切滚刀块，

西兰花切小块。

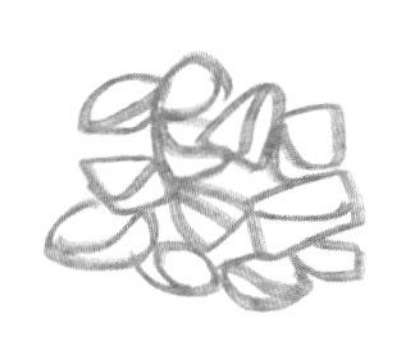

2. 入锅加少许水先炖土豆和胡萝卜，

待煮熟后加入西兰花一起炖煮。

3. 小番茄加咖喱粉和椰浆，

用搅拌机打成咖喱浆汁，

倒入锅中边搅拌边煮。

感恩大自然，开吃吧……

兔兔说：买来的现成咖喱粉添加成分较多，虽然方便且味浓，

但还是建议自己做最简单天然的咖喱酱汁哟……

蜜汁杏鲍菇

食材

杏鲍菇●西兰花●无盐酱油●有机椰糖

1. 杏鲍菇洗净切成一厘米左右厚片，
用刀尖划出菱格纹路，以便入味。

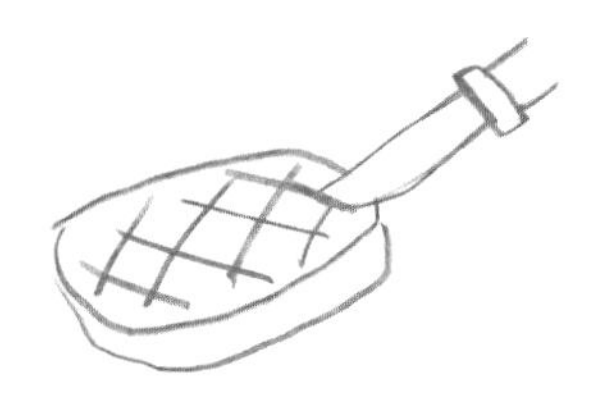

2. 少许无盐酱油，一小勺椰糖，
混合拌匀成调味酱汁儿，
浇在切好的杏鲍菇上，腌渍十五分钟。

3. 西兰花切小块，
（实在无法接受生吃也可以焯水）
捞出在盘子里摆出好看的造型。

4. 杏鲍菇和酱汁用中小火炖煮，
酱汁略收干即可，
摆放在西兰花上，
将剩下的汁儿倒在
摆好的杏鲍菇上。

感恩大自然，开吃吧……

酸汤娃娃菜

食材

娃娃菜●西红柿●椰糖（或者椰枣）●柠檬●湖盐

1. 娃娃菜洗净手撕小条。

2. 西红柿两个，切成小碎块。

3. 锅中放入少量清水，
倒入西红柿碎块
和一勺椰糖（或切碎的椰枣），
翻炒。

4. 加入娃娃菜炖煮，
出锅时撒少许湖盐。
（盐尽可能少，最好不用）

淋上一点柠檬汁，

就可以拍照晒图开吃啦……

酸甜小藕丁

食材

藕段●彩椒●百香果●椰枣●柠檬

1．藕段洗净切小丁。

2．彩椒洗净切小丁。

3．锅中加清水一碗，

加入两个百香果肉和两颗去核椰枣（切小碎）拌匀，

再加入藕丁一起翻炒。

4．翻炒一会儿加入彩椒丁，

收汁几分钟后根据口味淋上少许柠檬汁，盛出。

可以拍照晒图开吃啦……

兔兔说：用天然食材调味，慢慢你会品尝出

自然给我们的清香甜美，你想吃的不应该总是盐和味精。

酸甜西兰花

食材

西兰花●红椒●黄椒●椰糖●柠檬汁

1. 西兰花、红椒、黄椒各一个，

洗干净切小块。

2. 烧开一锅水，

把食材小块稍稍焯水。

3. 捞出食材，

摆放成圆锥形。

4. 椰糖和柠檬汁

加热搅拌成糖醋汁儿，

淋在西兰花堆成的小树上。

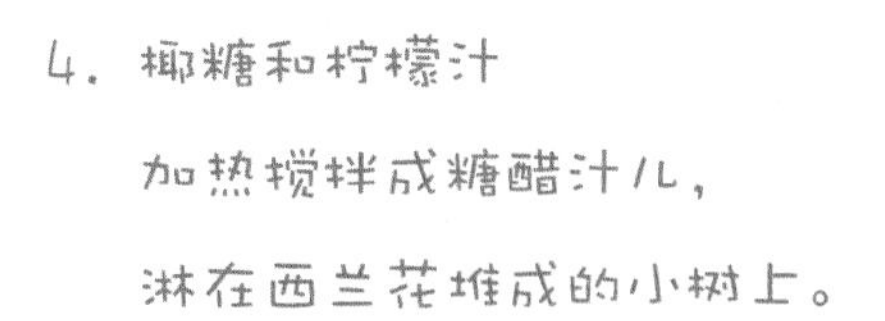

可以拍照晒图

开吃啦……

酸菜笋片

食材

笋●酸菜●柠檬

1. 笋切片。

2. 酸菜冲洗后切片。

3. 锅中加入一碗清水，

加入笋片翻炒。

4. 加入酸菜稍加翻炒后，

盖上盖子炖一小会儿，

收汁后盛出，

淋上柠檬汁少许。

可以拍照晒图开吃啦……

兔兔说：酸菜也是本身就带有咸味的哟，不需要添加其他的啦。

不过有时间的话，建议自己做酸菜，更健康哈……

酸辣土豆丝

食材

土豆●辣椒●柠檬●湖盐

2. 辣椒切丝。

1. 土豆去皮切丝。

3. 锅中放入少量清水，
放入土豆丝翻炒。

4. 炒一会儿后，
加入辣椒丝继续翻炒一会儿，
撒入少许湖盐，
用一个柠檬挤汁，
淋在土豆丝上拌匀，
就可以拍照晒图开吃啦……

西红柿饭

食材

西红柿●裙带菜●有机西芹●牛油果●藜麦

1. 藜麦用清水浸泡一会儿，放入锅中，加两杯水。

2. 裙带菜用清水浸泡几分钟。

3. 裙带菜和有机芹菜切小丁，倒入藜麦中拌匀。

将整个西红柿放在藜麦饭的正中间，开始煮饭。

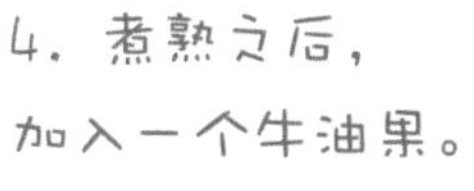

4. 煮熟之后，加入一个牛油果。

欢乐地搅拌均匀，就可以拍照晒图开吃啦……

藜麦有助于改善体内酸碱平衡，富含优质植物蛋白，不含麸质。又含锌、锰、磷、钙、铁及丰富的纤维素，是小麦等谷物的优质替代品。

清香豆皮卷

食材

豆皮●生菜●黄瓜●胡萝卜●小番茄●有机芝麻酱

1. 豆皮洗净切成长方形小片，
用开水烫一下。

生菜撕成小小片。

胡萝卜擦丝。

2. 黄瓜擦丝。

3. 取豆皮平铺刷上有机芝麻酱，
小番茄加切小碎铺在酱上。

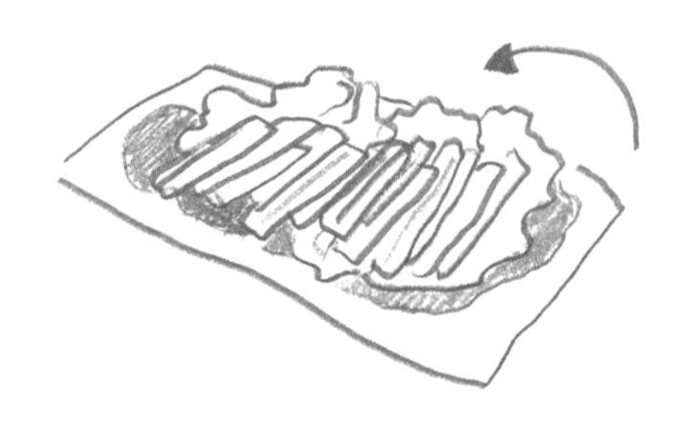

4. 铺上生菜，
放黄瓜丝、胡萝卜丝，
卷成小卷。

在盘中把小卷们摆成好看的造型，
感恩大自然，开吃啦……

酱烧白萝卜

食材

有机白萝卜●无盐酱油●椰糖

1. 有机白萝卜切小块。

（滚刀块哟）

2. 锅中放水两碗，

放入萝卜块炖煮。

3. 水开以后放入少许无盐酱油和椰糖，

盖上锅盖继续炖煮。

萝卜炖酥后即可盛出。

感恩大自然，开吃吧……

兔兔说：萝卜这类在地下的植物就更应选有机或自然农耕的食材。土地有毒素的时候，根茎类会直接吸收呢。而且食材好，味道也更好哟……

土豆炖豆角

食材

土豆●豆角●无盐酱油

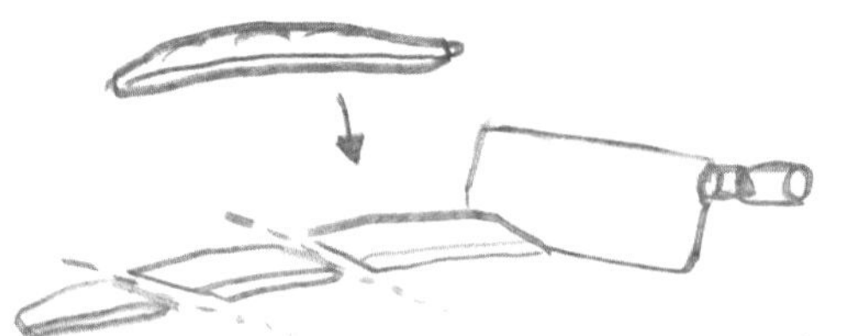

1. 豆角摘去蒂和两侧的筋，
斜切成小段。

2. 土豆切成小长条。

3. 锅中放入少量清水，
下豆角翻炒，
再加水没过豆角，
加入土豆条，
淋上少许无盐酱油一起炖煮。

炖酥之后，大火收汁儿，
就可以拍照晒图
开吃啦……

兔兔说：无盐酱油有淡淡的天然咸味，
没有添加人工合成的盐和味精，少量食用可以帮助恢复味觉，
也有助于减少体内钙质流失及减轻肾脏负担哟……

土豆酿香菇

食材

香菇●土豆●胡萝卜●豌豆●西红柿●湖盐

1. 香菇泡发。

2. 胡萝卜切末。

3. 土豆洗净去皮。

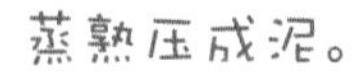

蒸熟压成泥。

4. 胡萝卜碎拌入土豆泥，

撒少许湖盐，拌匀，

用勺子盛入香菇内。

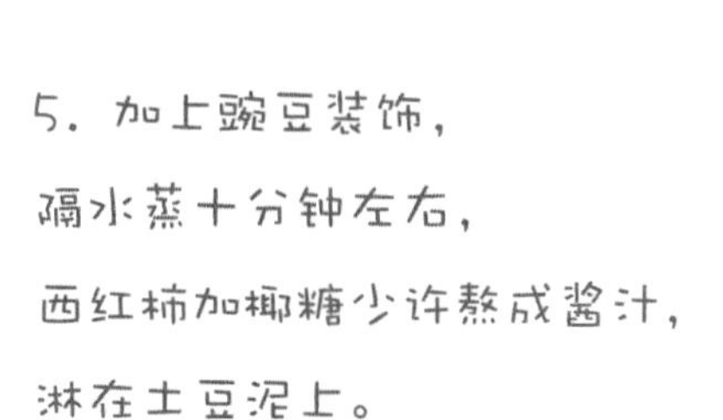

5. 加上豌豆装饰，

隔水蒸十分钟左右，

西红柿加椰糖少许熬成酱汁，

淋在土豆泥上。

可以拍照晒图开吃啦……

大根烧

食材

白萝卜●香菇●裙带菜或昆布

1. 香菇和裙带菜或昆布洗净，
加水熬成素高汤。

2. 白萝卜去皮，
切成圆形厚片。

3. 白萝卜放入素高汤，
用中小火炖煮至酥软，
捞出。

4. 白萝卜放在平底锅中，
稍稍煎至表面收干，
就可以拍照晒图开吃啦……

兔兔说：标题中的“大根”指的是“白萝卜”哟。
用香菇和海藻类熬制的素高汤带有天然的咸味，
又十分鲜美，建议大家不要添加其他调料，细细品味……

山药寿司小卷

食材

山药●胡萝卜●西葫芦●紫菜

1. 山药洗干净，
切小段蒸熟。

2. 去皮，用勺子捣成泥。

3. 胡萝卜和西葫芦
切小条。

4. 紫菜平铺，
铺上一层山药泥，
放上胡萝卜条和西葫芦条，
用竹帘翻卷。

切小段，
就可以拍照晒图
开吃啦……

春饼

食材

有机绿甘蓝 ● 胡萝卜 ● 黄瓜 ● 彩椒 ● 牛油果

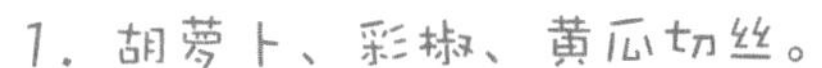

1. 胡萝卜、彩椒、黄瓜切丝。

2. 牛油果切小片。

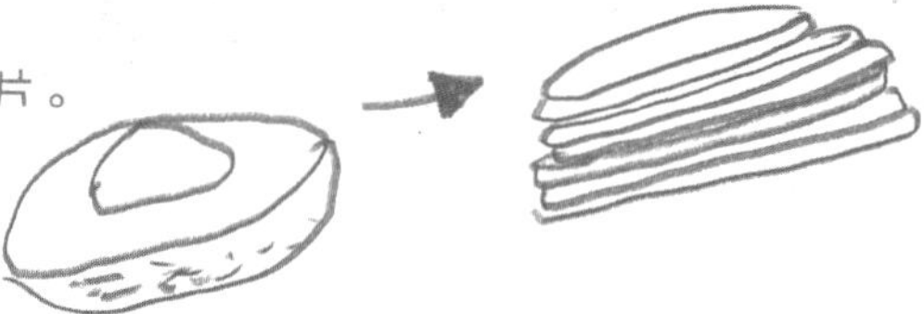

3. 有机绿甘蓝切去根蒂，

切圆圆的叶片，整理好装盘。

吃的时候先放一片牛油果，

按需要放上喜欢的蔬菜丝，

再包成卷。

感恩大自然，开吃吧……

兔兔说：传统的春饼用面粉制作，相对费时费力。兔兔也希望大家能试试没有麸质的天然食材做成的春饼哟。

西红柿冻豆腐

食材

有机西红柿 ● 有机非转基因豆腐

1．有机非转基因豆腐

或黑豆豆腐切小块，

提前半天冷冻。（化冻后把水分挤干）

2．三个有机大西红柿切小块。

3．锅里放少量清水，

放入西红柿块翻炒，

煮到西红柿酥软出汁。

4．加入冻豆腐一起翻炒，

炒匀入味就可以出锅。

感恩大自然，开吃吧……

西红柿具有止血、降压、利尿、

健胃消食、生津止渴、清热解毒、

凉血平肝的功效。

所以常吃有助于增强小血管功能，

预防血管老化。

西红柿

西红柿中含有丰富的抗氧化剂，

可以防止自由基对皮肤的破坏，

具有明显的美容抗皱的效果哟。

咖喱双花

食材

西兰花●白花菜●小番茄●胡萝卜●有机咖喱粉

1. 西兰花和白花菜

洗净掰小块。

2. 胡萝卜洗净切小块。

3. 锅中加水将食材煮熟。

4. 小番茄加有机咖喱粉，

用搅拌机打碎成咖喱酱，

拌入煮熟的菜里，边搅拌边煮，

大火收汁后就可以盛出来开吃啦……

咖喱豆腐盖浇饭

食材

非转基因豆腐（或黑豆豆腐）● 青椒 ●胡萝卜 ●咖喱粉 ●小番茄 ●罗勒叶 ●牛油果 ●芒

1. 豆腐切小块。

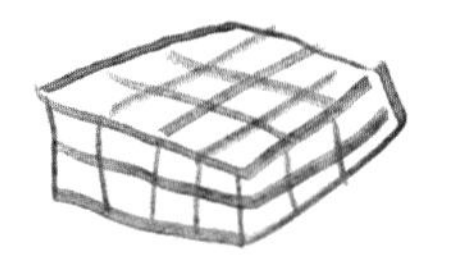

2. 青椒和胡萝卜切小丁。

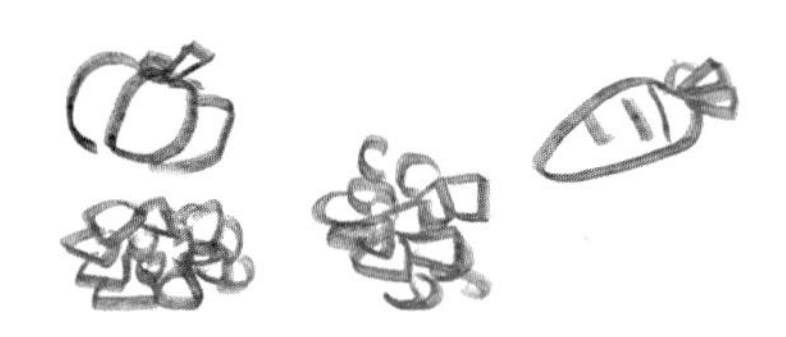

3. 芒果一个取肉，
小番茄八个，一小撮罗勒叶，
牛油果一个，咖喱粉一勺，
搅拌机打成酱汁备用。

4. 锅中倒入一碗清水，
放入青椒和胡萝卜翻炒，
随即加入咖喱酱汁一起翻炒。

5. 放入小豆腐块拌匀，
炖煮片刻。

6. 同时将白花菜擦成末，
这就是今天的“饭”啦。
(如果实在无法接受生味，
可以焯水后擦成末，
也可擦末后用开水烫一下)

7. 将咖喱豆腐盛出来，浇在花菜饭上。
感恩大自然，开吃啦……

白玉翡翠卷

食材

卷心菜 ● 白萝卜 ● 柠檬 ● 有机小番茄 ● 牛油果 ● 芝麻 ● 罗勒叶

1. 卷心菜焯水，
捞出后马上放入凉水中。

2. 白萝卜切丝后，
淋上柠檬汁稍稍腌渍。

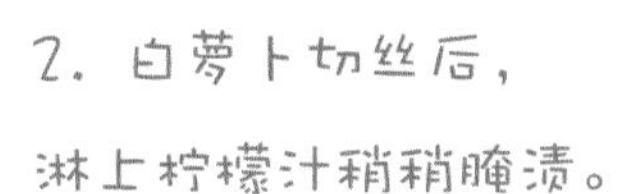

3. 把卷心菜叶片平铺，
放上萝卜丝卷起。

4. 切成整齐的小段，
装盘。

5. 有机小番茄、牛油果、芝麻和罗勒叶用搅拌机打成酱汁，
淋在菜卷上。

感恩大自然，开吃吧……

兔兔说：有机小番茄和牛油果做酱会有天然的淡淡咸味，很清口。
如果想要口味更咸一些，可以换成天然风干的小番茄干来做……

上海冷面

食材

有机西葫芦 ● 甜椒 ● 有机绿豆芽 ● 柠檬 ● 小番茄 ● 香蕉 ● 牛油果 ● 芝麻

1. 有机西葫芦用卷丝器削成面条形。

2. 甜椒切丝，

和绿豆芽一起拌入面中，

淋上少许柠檬汁。

3. 小番茄、香蕉、牛油果用搅拌机打成酱汁，

和面条拌匀后放置几分钟，待面条稍稍柔软入味。

撒上芝麻。

感恩大自然，开吃吧……

兔兔说：不是每一种面都要那么咸哟。凉面本来就是要清爽，

这样天然的食材，打出来的酱清甜又爽口哟……

幸福水果粽

食材

粽叶●有机米蕉●小番茄●芒果

1. 有机米蕉切小段，
芒果切小丁，
小番茄对半切开。

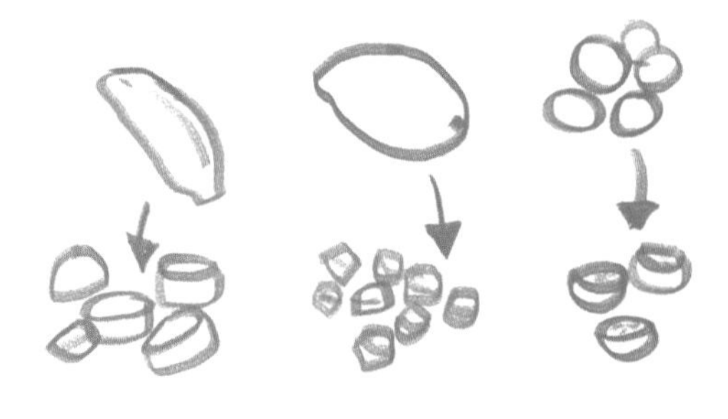

2. 把粽叶握成一个圆锥形
把香蕉塞进去，
再塞一些芒果丁
和半颗小番茄，
可以补充一些香蕉直到塞满。

3. 折起叶子盖到圆锥上，
继续包就会成三角形粽子，
把叶子尾巴塞进去就完成啦，
需要吃的时候直接打开。
感恩大自然，开吃啦……

后 记

世界原本就是如此美好，只是我们忘记了ta本来的样貌……

从去年开始，我每天在微博和公众平台更新一道素菜谱，简单好做，很多本来不吃素也不做饭的朋友们也忍不住跟着尝试起来，为自己亲自做出的美味感到惊喜，也被蔬菜水果的能量和味道重新打动。

后来，我的瑜伽老师和好朋友时利姐姐分享并推荐了这些素菜谱，和她一样美好纯净的编辑苏靖找到我，并帮我最终把这个带有幸福味道的绘本呈现在你们面前。

这一年多的时间里，我因为每个小小的细节和配料反复修改折腾，把原定的计划一拖再拖，每一次得到的却都是她的耐心鼓励和包容……

做这个绘本，我并不是要让每个人都变成素食者，但是多吃一点蔬菜水果总是好的，不管是对自己还是对地球。

一直以来，我努力用自己小小的力量，传播着温暖和爱，简单和美好。你们可能很难想象，我这个超级大路盲，曾经拿着地图傻傻地跑遍了上海每条街道，就是为了画一张很多人都不知道的素食地图；然后历经波折才买到秸秆纸，用相对环保的方式自费印刷了“阿拉兔的上海素食地图”。

我努力给各个环保、动物保护组织和项目画画，给素餐厅画画；我努力尝试用蔬菜水果的天然调味来代替简单可寻的各种人工调味品，然后给大家画了健康好做的素菜谱。不管你是不是能理解，但是我就是这样傻傻的，就这么努力画着……我想看到的是一个和平、快乐、美好、健康的世界，相信你也是。

素食绘本即将面世，我在开心之余还要感谢各个素餐厅、素食平台、素食专家以及朋友们，有了你们的支持，阿拉兔的素食堂备感幸福。

每一个美好，
都因为你的爱而来。
从今天起，
和我一起，
和阿拉兔一起，
从一餐素食开始，
爱我们的每一个家人、每一个朋友，
爱我们的环境，爱我们的小星球。

编后记

一不小心，做了个特别美好的素食选题。美好的不仅是选题的呈现形式，把选题落地直至成书的过程更是前所未有的美好。

每一个美好，都因爱而来

2014年3月20日，在沪上一家名为素点的素食餐厅，遇见了美好的韩李李。这位因原创动漫形象阿拉兔而知名的80后女孩，兼具大学教师、艺术家等多重身份，同时也是素食和环保的积极践行者。第一次见面，我们虽然话语不多，却都能真切感受到彼此的坦诚与纯粹。

尽管我不是素食者，却同样热爱环保，也特别希望做一个推行环保理念的绘本在读者中传递一份爱，而这也是李李创作的初衷。

于是，素食绘本的计划跃然纸上。

素食，不仅是饮食方式，更是一种生活态度

李李素食许久，衣着也自然质朴。她的生活里不见一次性制品，坚持“生活零垃圾”。她热爱公益，不求回报：“你的心越美好，你所看到的世界也就越美好。”

接触久了，李李身上所散发的爱的光热越发感染我，以至于每次谈到绘本创作之外的稿费、营销方案等环节时，我都小心翼翼，生怕这些打破我们之间完美的平衡。因为这些在李李身上，显得那么不合时宜。

看似简单的几十道素食菜谱，李李花费了整整一年的心血。我们看着越简单，李李的创作越是繁复。每一道食谱，李李都精雕细琢，

比如“湖盐”和“食盐”的异同，比如食用油和其他食材的取舍。从每一道食谱里，我能感受到李李倡导的无添加、自然、原味的理念，更能体会到她对自然、对生活的理解与热爱。

李李说，不必拘泥于用多少调味料，凭感觉和食物沟通，做出来的便是美味。一餐美味，能让生活美而好起来。

彻头彻尾的环保绘本

绘本创作伊始至今，李李从不提任何要求，唯一的愿望就是希望绘本的制作采用环保材料。她当初用环保的桔梗纸制作了上海素食地图，通过义卖或赠送的方式帮助了很多需要的人。如今，我们依然采用了较为环保的桔梗纸张，少砍一棵树，尽量还原世界本来的样貌。

当你翻起书页，闻到墨香时，是不是也感受到李李走心的创作呢？

最后还是要落个俗套，感谢李李用心的创作，也感谢翻阅至此的每一位读者朋友。

策划人：苏靖

2015年8月

素食，是一种生活态度

韩李李

雕塑家/插画师

严格素食者（纯素生食实践者）

坚定的环保、动物保护行动者

长期致力于零垃圾的生活方式实践及艺术创作

图书在版编目(CIP)数据

阿拉兔幸福素食堂 / 韩李李著. — 上海：上海世界图书出版公司，2015.9

ISBN 978-7-5100-9943-4

Ⅰ.①阿… Ⅱ.①韩… Ⅲ.①素菜—菜谱 Ⅳ.①TS972.123

中国版本图书馆CIP数据核字(2015)第173641号

责任编辑 苏 靖
责任校对 石佳达

阿拉兔幸福素食堂

韩李李 著

上海世界图书出版公司出版发行
上海市广中路88号
邮政编码 200083
杭州恒力通印务有限公司印刷
如发现印刷质量问题，请与印刷厂联系
（质检科电话：0571-88506965）
各地新华书店经销

开本：787×1092 1/16 印张：9.75 字数：142 000
2015年9月第1版 2015年9月第1次印刷
ISBN 978-7-5100-9943-4/T·213
定价：35.00元
http://www.wpcsh.com
http://www.wpcsh.com.cn